U0332625

经典别墅外观

常青 曾映军 主编

江苏人民出版社

图书在版编目（CIP）数据

经典别墅外观 / 常青，曾映军　主编.—南京：
江苏人民出版社，2014.5
ISBN 978-7-214-07492-8

Ⅰ.①经… Ⅱ.①常… ②曾… Ⅲ.①别墅－建筑设
计－图集 Ⅳ.①TU241.1-64

中国版本图书馆CIP数据核字(2011)第200894号

经典别墅外观

常青　曾映军　主编

责任编辑	蒋卫国　段建姣	
责任监印	马　琳	
出　　版	江苏人民出版社（南京湖南路 1 号 A 楼　邮编：210009）	
发　　行	天津凤凰空间文化传媒有限公司	
销售电话	022-87893668	
网　　址	http://www.ifengspace.cn	
集团地址	凤凰出版传媒集团（南京湖南路 1 号 A 楼　邮编：210009）	
经　　销	全国新华书店	
印　　刷	北京建宏印刷有限公司	
开　　本	889 毫米×1194 毫米　　1/16	
印　　张	21	
字　　数	168 千字	
版　　次	2014 年 5 月第 2 版	
印　　次	2014 年 5 月第 2 次印刷	
书　　号	ISBN 978-7-214-07492-8	
定　　价	298.00 元（精）	

（本书若有印装质量问题，请向发行公司调换）

前言

别墅因为其独特的建筑特点，设计跟一般的居家住宅有着明显的区别。别墅设计不仅要注重室内，还需要注重室外的设计，因为空间范围大大增加，所以在别墅的设计中，需要侧重的是一个整体的效果。

综观近年来，国内出版了大量室内设计的图书，但别墅建筑外观的图书资料却不多见，为此，我们收集了大量资料，编辑了这本《经典别墅外观》。

本书收录了国外和国内的别墅图样约 800 例，除多角度外观图的直接展示外，有些还配附了各楼层的平面设计图，希望尽量给读者展示一个较为完整的效果。这些别墅实例，既有简洁大气、集各种建筑精华于一身的北美风格别墅，又有尽显豪华、富有古典神韵的欧洲风格别墅，也有外观色彩亮丽、造型美观的澳大利亚风格别墅，还有体现中西文化结合的本土别墅等。

在此向莫兆红、王斌、陈俊开、张衍飞、马晓云表示感谢，同时还要感谢佛山市顺德元和设计有限公司的徐彬杰、郑小波和东莞三正房地产开发有限公司及 Marpa Landscape Design Studio，他们为本书提供了精美的图片资料。

由于书中选编的别墅资料来源广泛，有的在拍摄过程中无法与原设计者取得联系，也无法对他们一一表示答谢，在此，谨向这些别墅设计师及住户表示最诚挚的谢意！

希望本丛书的出版能对业主、设计师和开发商有所帮助，那是我们编辑此书的初衷所在。

编者

1. 单层

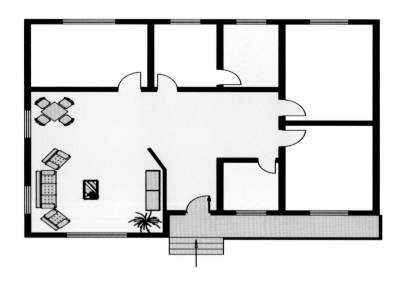

首层平面图

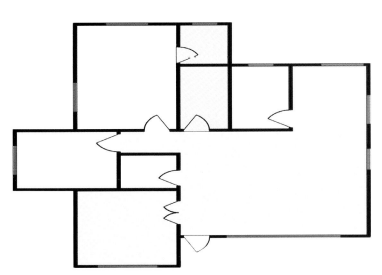

首层平面图

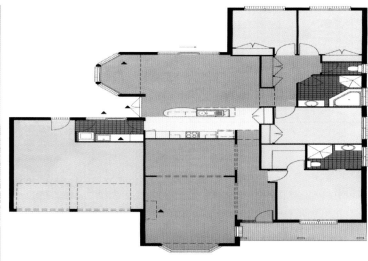

首层平面图

首层平面图

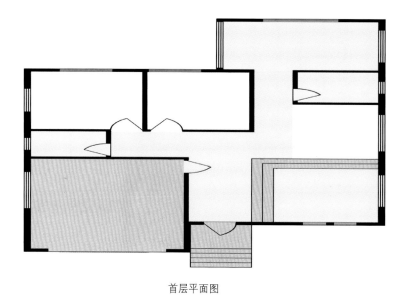

首层平面图

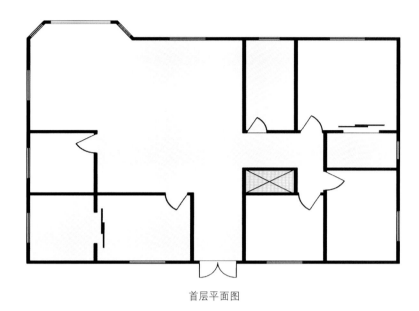

首层平面图

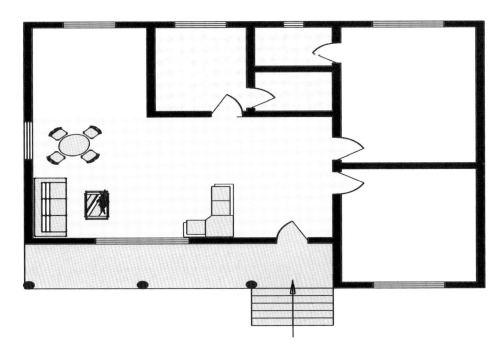

首层平面图

首层平面图

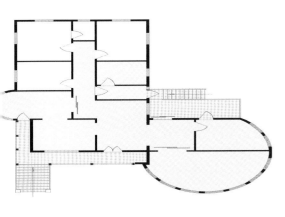

首层平面图

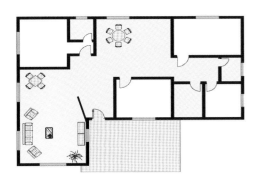

首层平面图

2. 双层

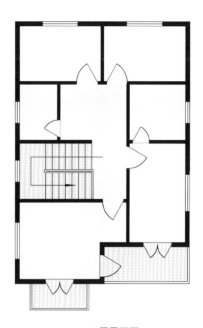

首层平面图   二层平面图

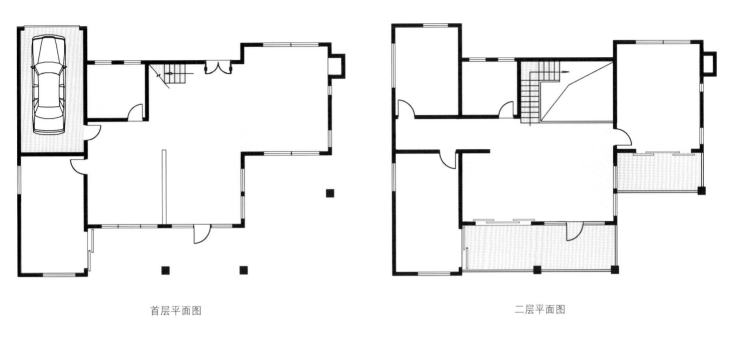

首层平面图   二层平面图

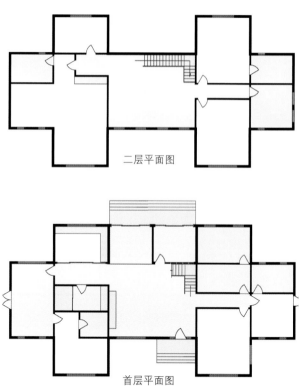

二层平面图

首层平面图

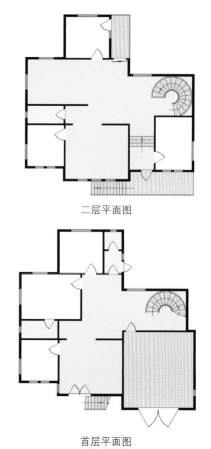

二层平面图

首层平面图

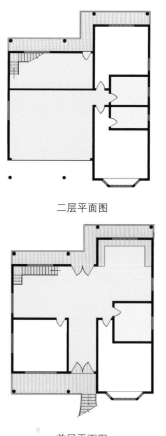

二层平面图

首层平面图

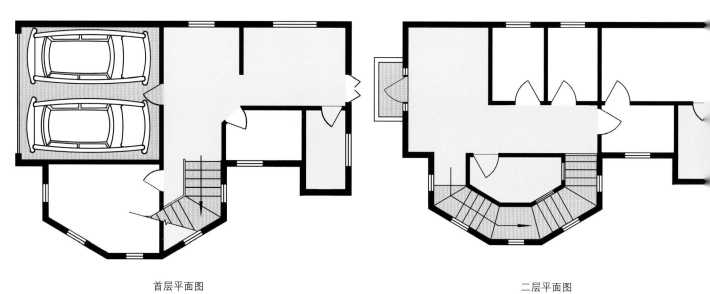

首层平面图   二层平面图

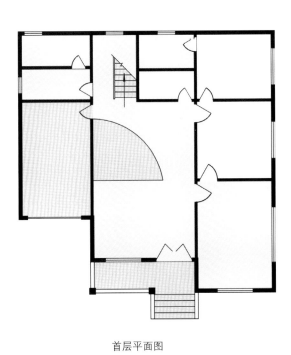

首层平面图

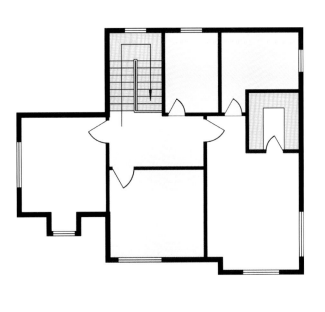

二层平面图

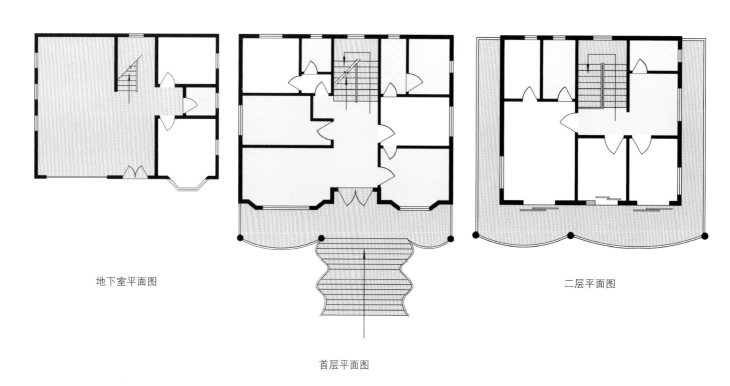

地下室平面图

首层平面图

二层平面图

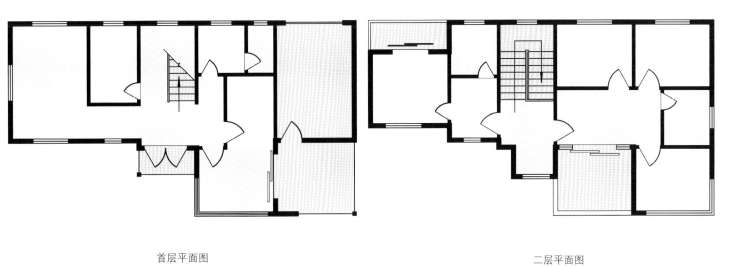

首层平面图   二层平面图

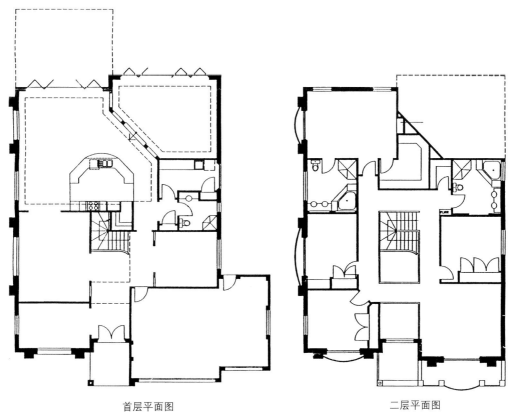

首层平面图　　　　　　　　　　二层平面图

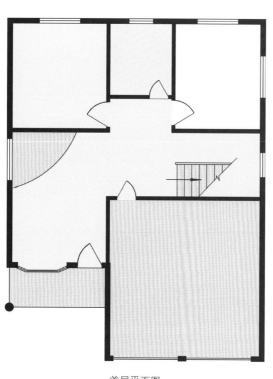

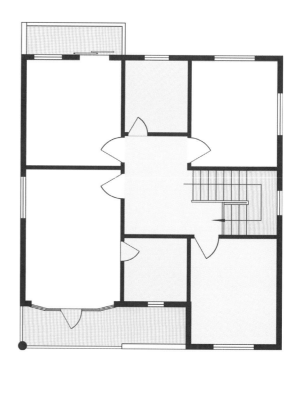

首层平面图   二层平面图

首层平面图

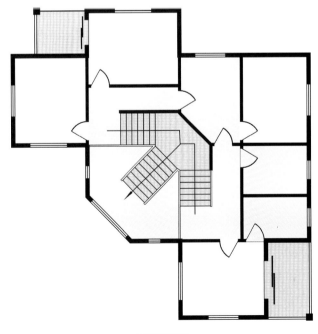

二层平面图

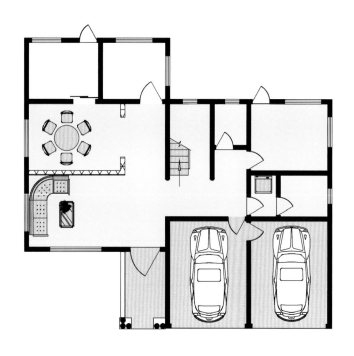

首层平面图   二层平面图

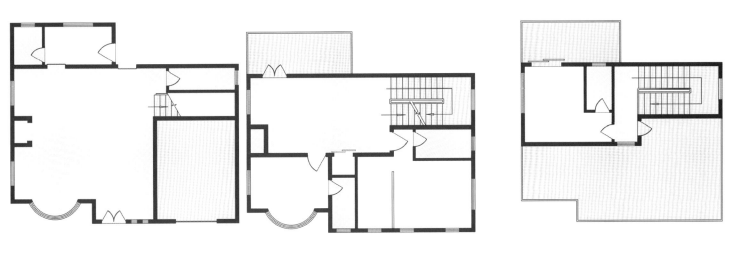

首层平面图   二层平面图   天台平面图

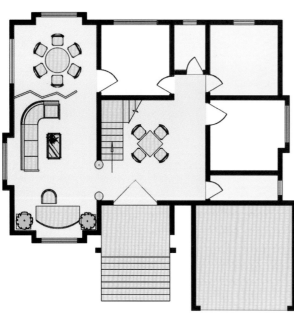

首层平面图

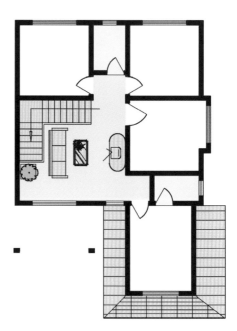

二层平面图

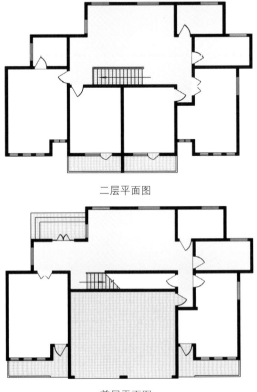

二层平面图

首层平面图

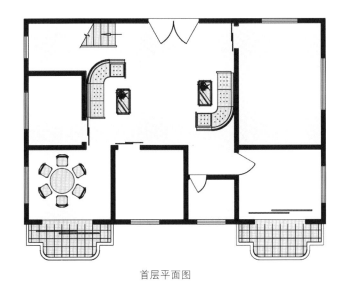

首层平面图

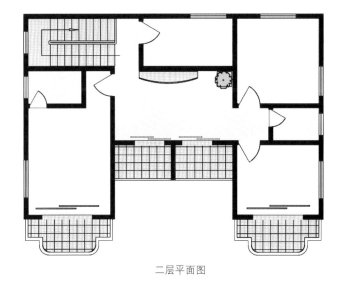

二层平面图

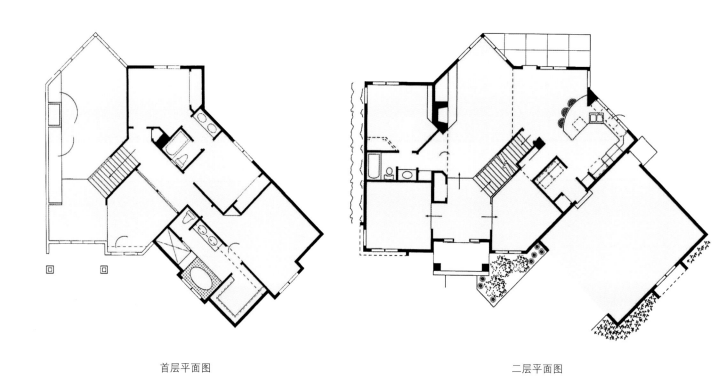

首层平面图   二层平面图

首层平面图   二层平面图

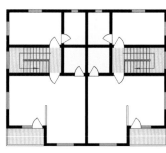

二层平面图

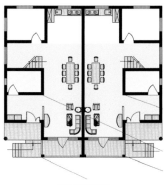

首层平面图

二层平面图

首层平面图

首层平面图   二层平面图

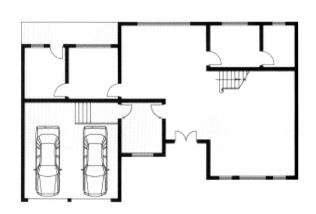

首层平面图

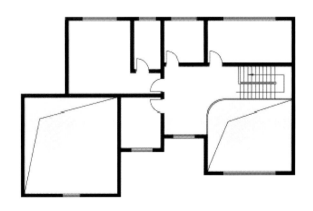

二层平面图

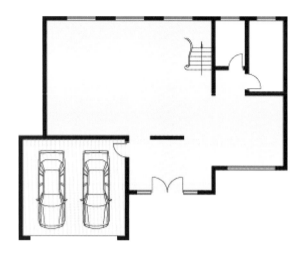

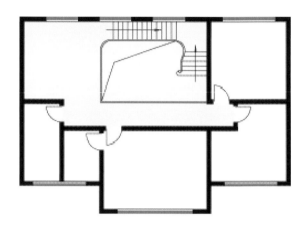

首层平面图　　　　　　　　　　　　　　　　　　　　二层平面图

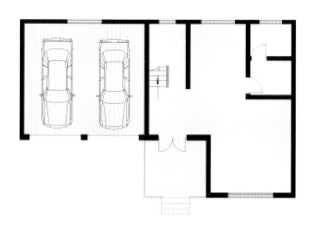

首层平面图

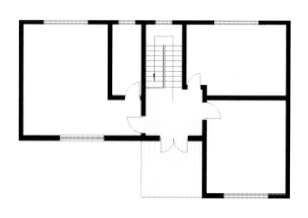

二层平面图

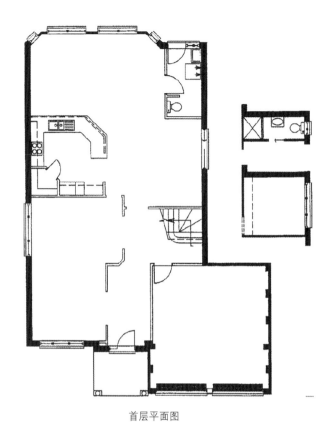

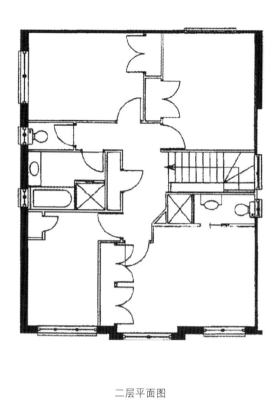

首层平面图   二层平面图

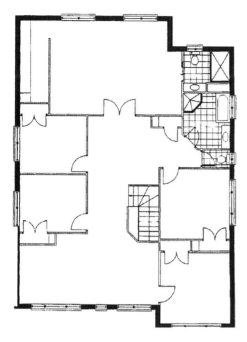

二层平面图

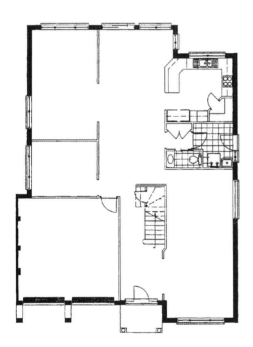

首层平面图

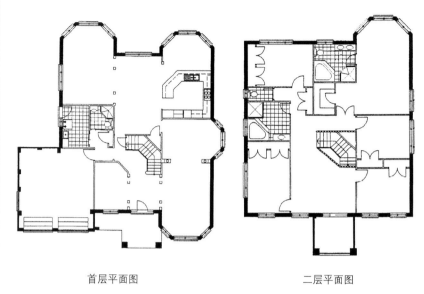

首层平面图　　　　　　　　　二层平面图

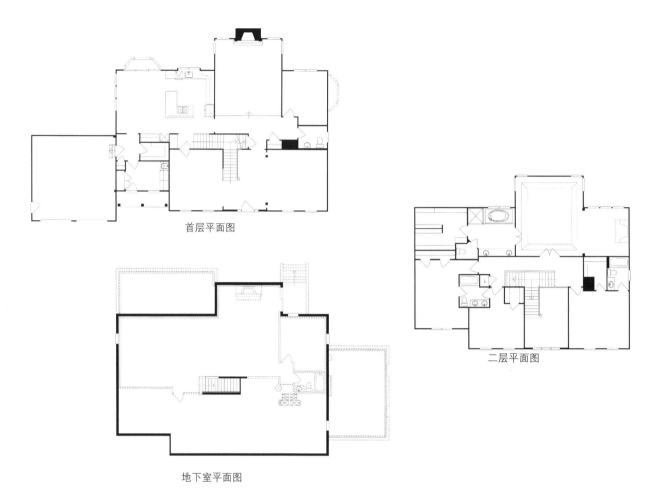

首层平面图

二层平面图

地下室平面图

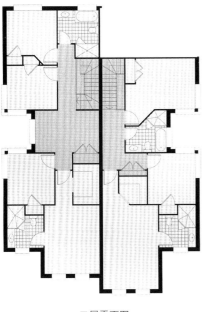

二层平面图

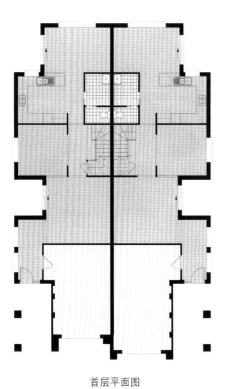

首层平面图

二层平面图（方案 A）

首层平面图（方案 A）

二层平面图（方案 B）

首层平面图（方案 B）

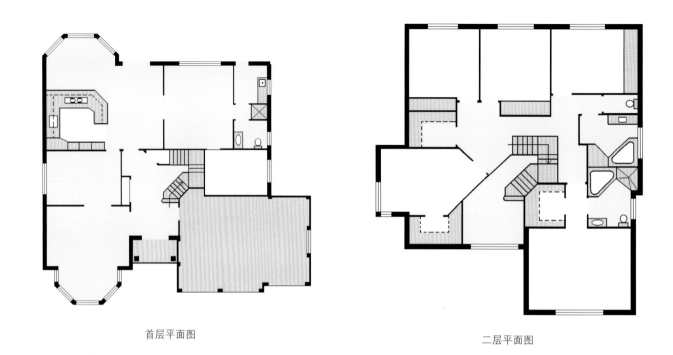

首层平面图 二层平面图

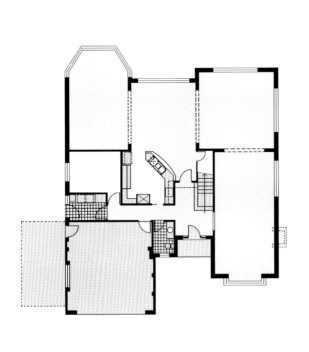

首层平面图

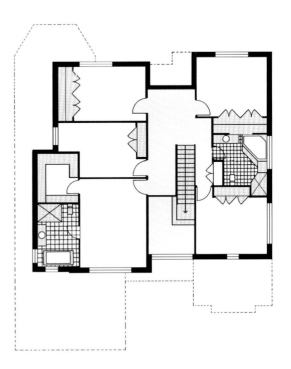

二层平面图

首层平面图   二层平面图

3. 三尾

首层平面图   二层平面图   三层平面图

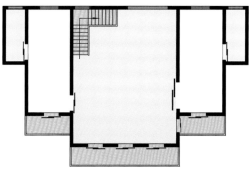

三层平面图

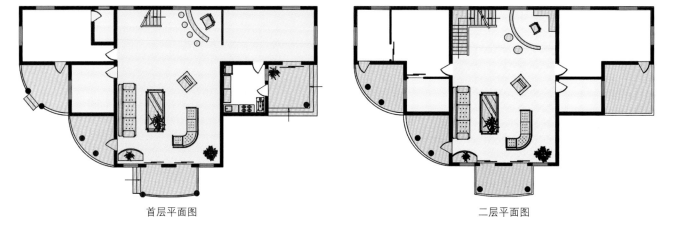

首层平面图

二层平面图

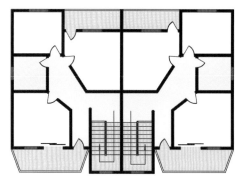

三层平面图

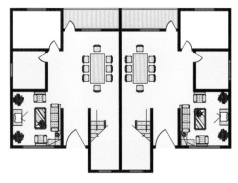

首层平面图

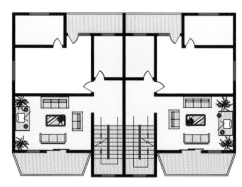

二层平面图

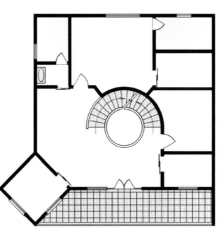

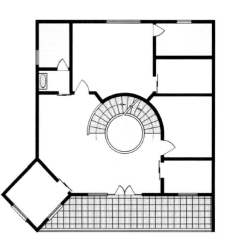

首层平面图   二层平面图   三层平面图

1. 单层

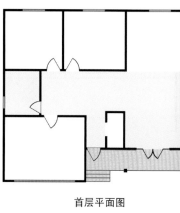

首层平面图

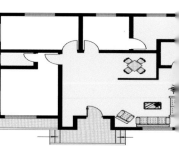

首层平面图

首层平面图

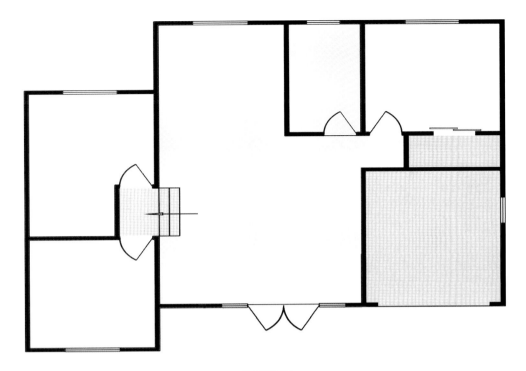

首层平面图

首层平面图

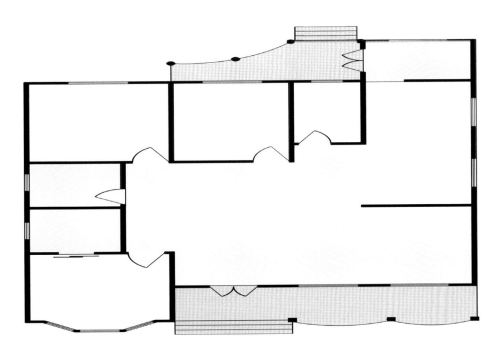

首层平面图

首层平面图

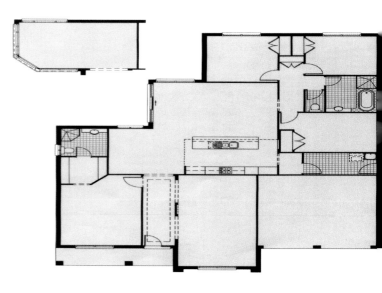

首层平面图（方案A）

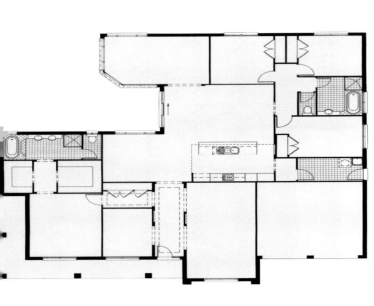

首层平面图（方案 B ）

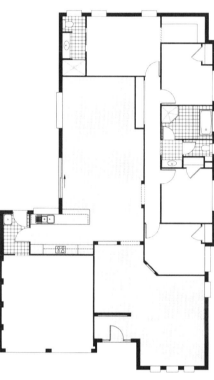

首层平面图

2. 双层

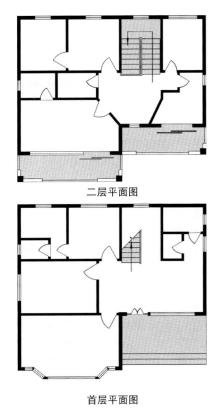

二层平面图

首层平面图

二层平面图

首层平面图

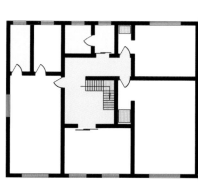

二层平面图

首层平面图

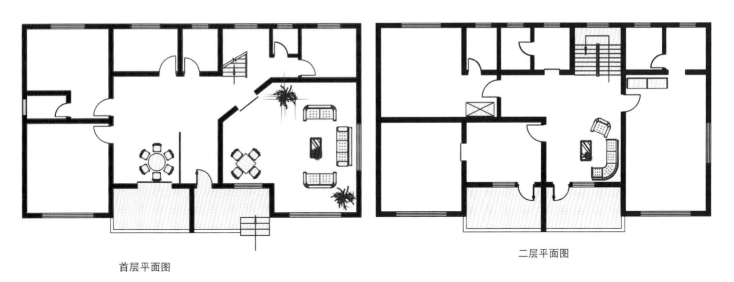

首层平面图 二层平面图

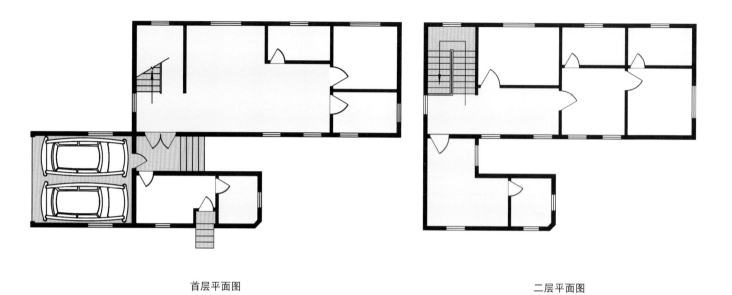

首层平面图   二层平面图

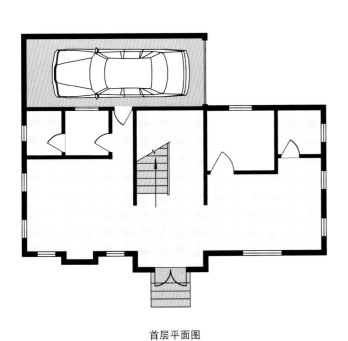

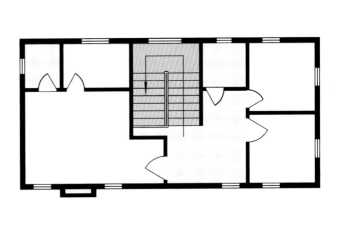

首层平面图　　　　　　　　　　　　二层平面图

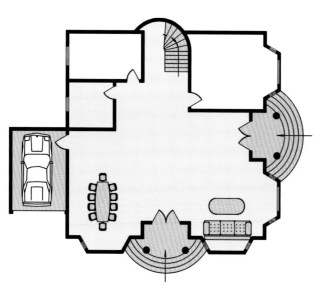

首层平面图

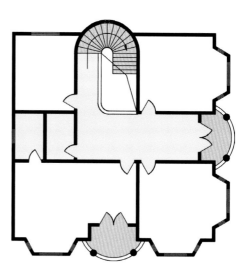

二层平面图

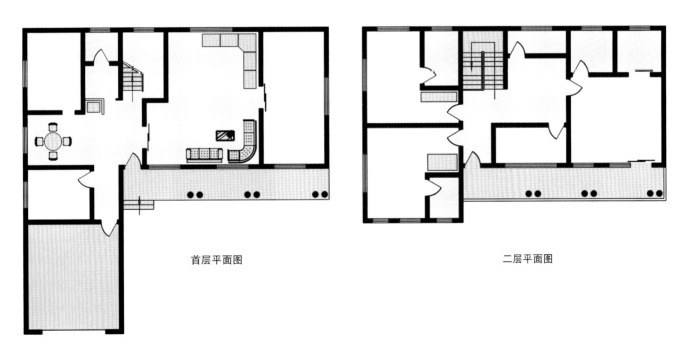

首层平面图   二层平面图

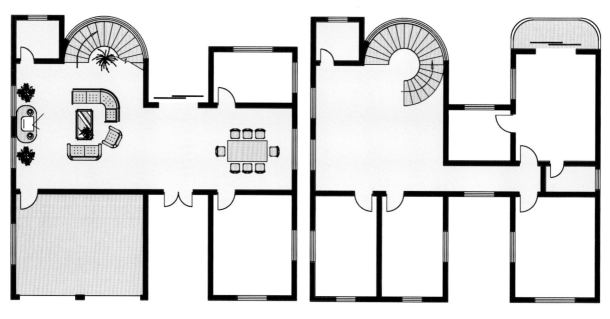

首层平面图   二层平面图

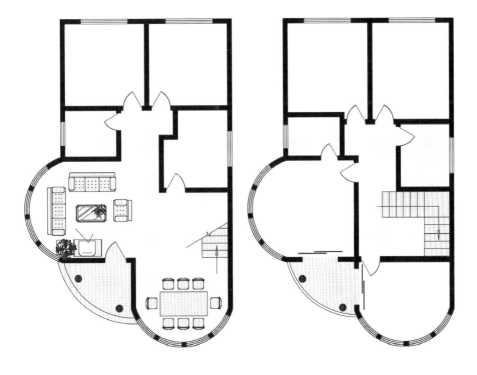

首层平面图 二层平面图

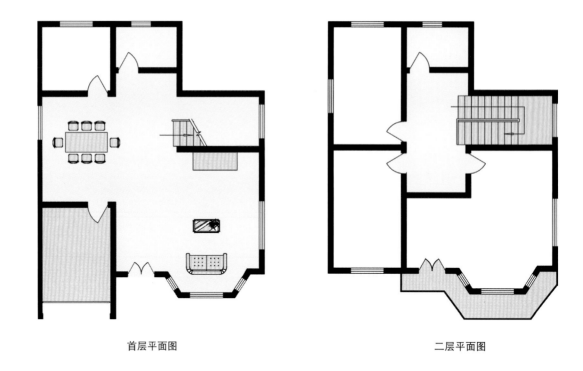

首层平面图   二层平面图

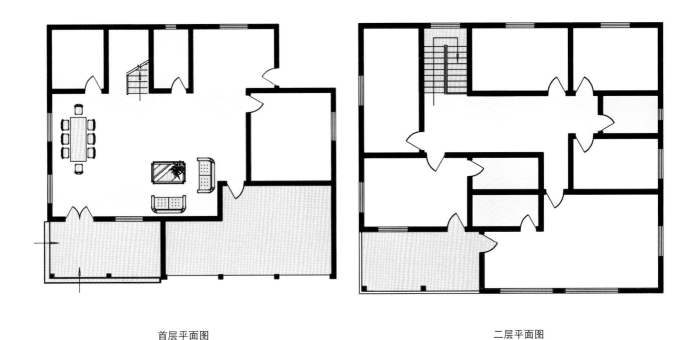

首层平面图　　　　　　　　　　　　　　　　　　二层平面图

首层平面图

二层平面图

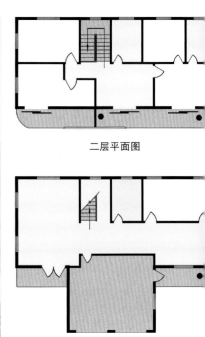

二层平面图

首层平面图

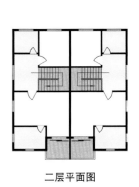

二层平面图

首层平面图

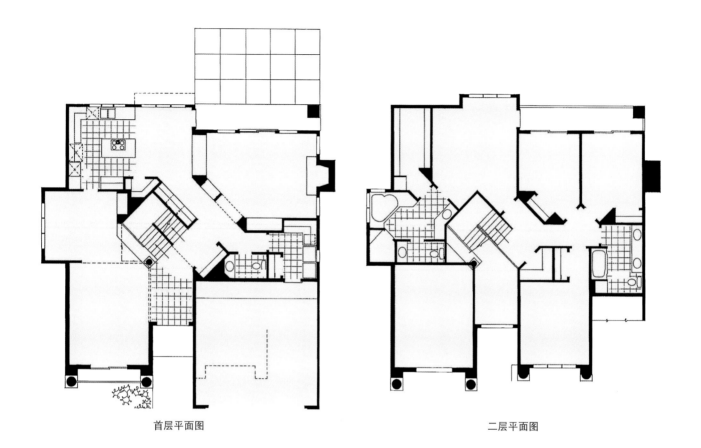

首层平面图   二层平面图

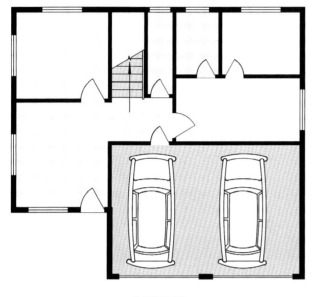

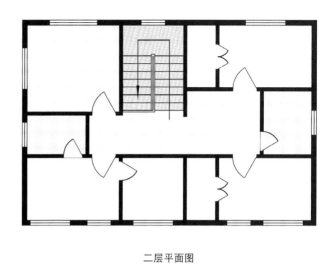

二层平面图

首层平面图

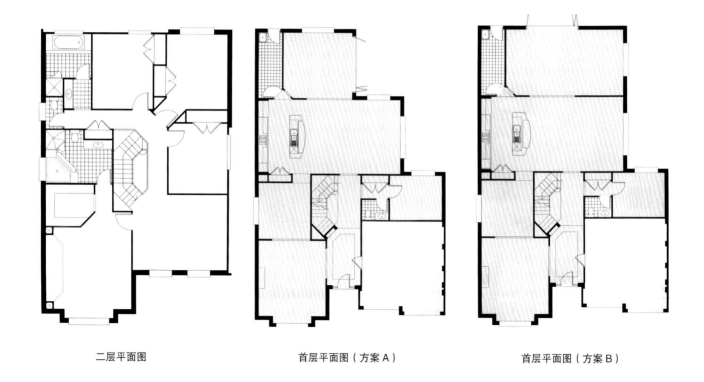

二层平面图　　　　　　　　　　首层平面图（方案 A）　　　　　　　　首层平面图（方案 B）

首层平面图   二层平面图

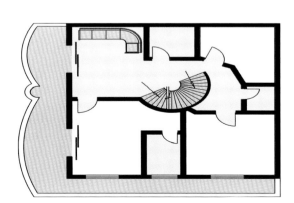

二层平面图

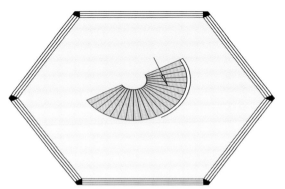

阁楼平面图

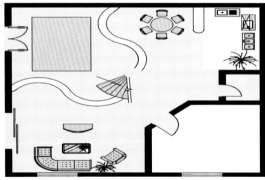

首层平面图

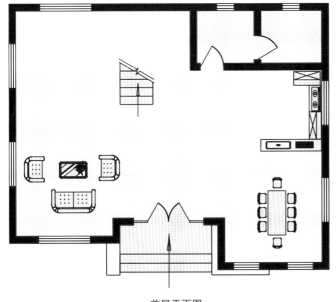

首层平面图

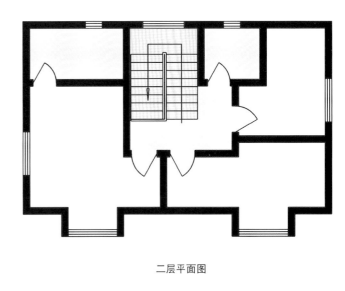

二层平面图

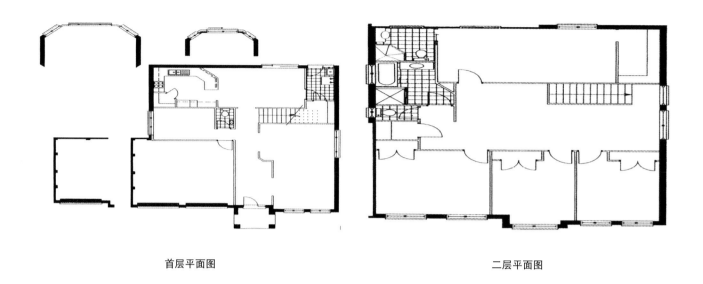

首层平面图   二层平面图

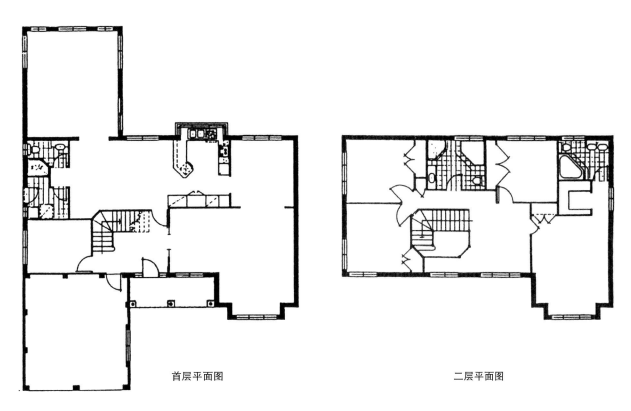

首层平面图　　　　　　　　　　　　二层平面图

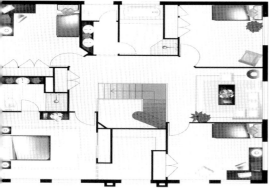

二层平面图

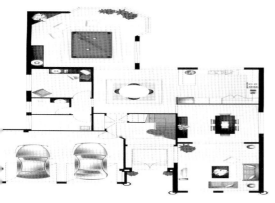

首层平面图

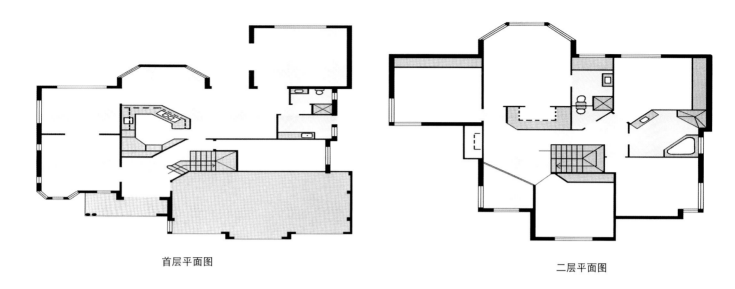

首层平面图

二层平面图

3. 三层

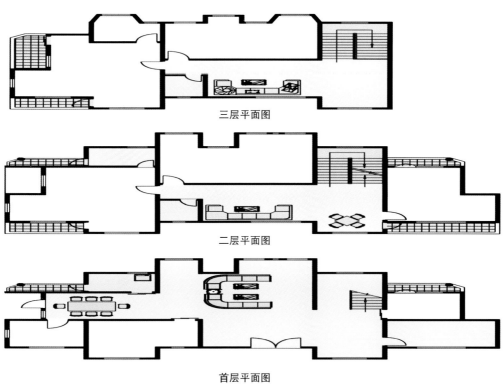

三层平面图

二层平面图

首层平面图

三层平面图

首层平面图

二层平面图

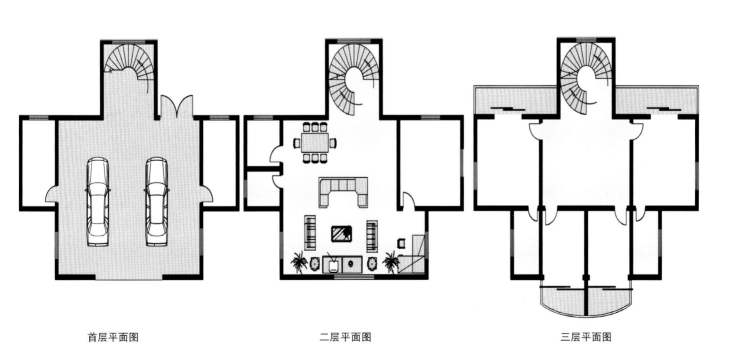

首层平面图   二层平面图   三层平面图

1. 坡地别墅

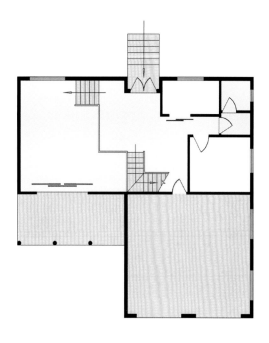
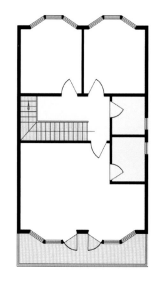

首层平面图　　　　　　　　　　　　二层平面图

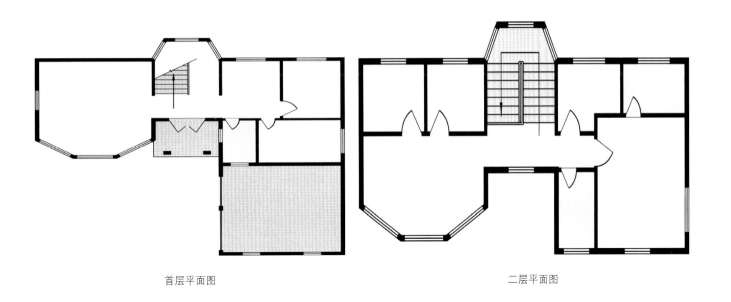

首层平面图   二层平面图

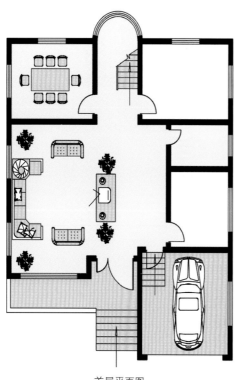

首层平面图

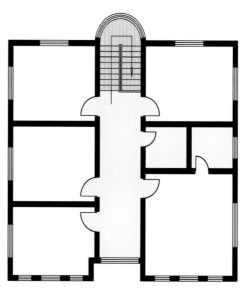

二层平面图

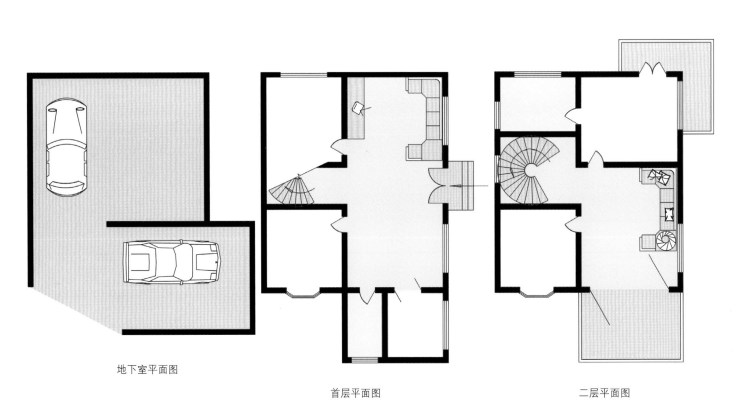

地下室平面图

首层平面图

二层平面图

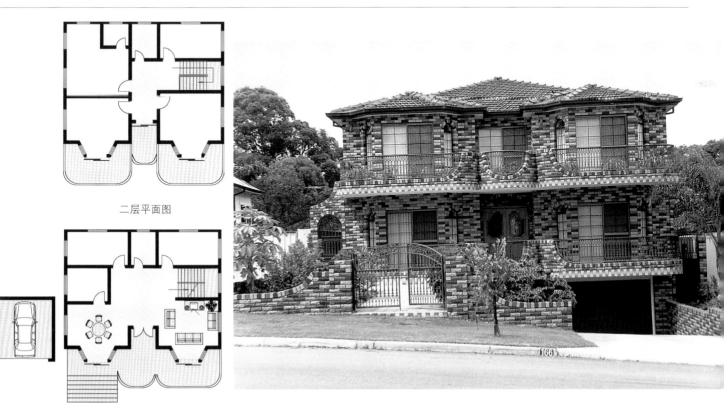

二层平面图

首层平面图

" 经典别墅外观 "

“经典别墅外观”

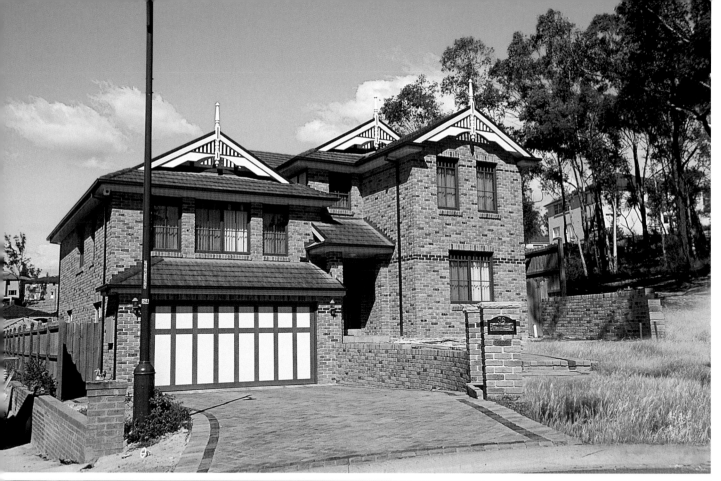

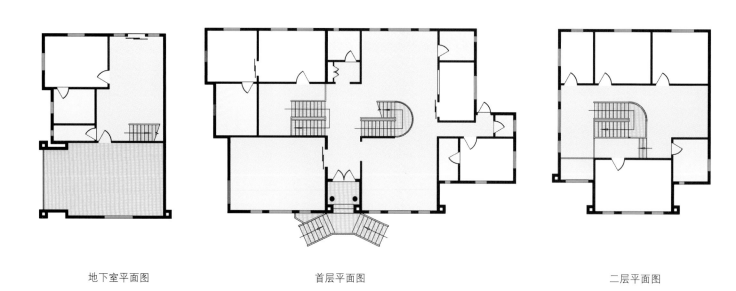

地下室平面图　　　　　　　　　　　首层平面图　　　　　　　　　　　二层平面图

2. 平地别墅

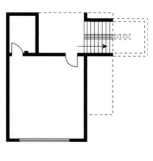

二层平面图

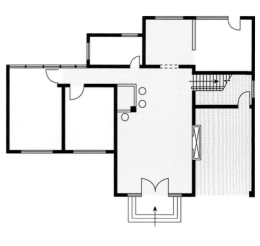

首层平面图

二层平面图

首层平面图

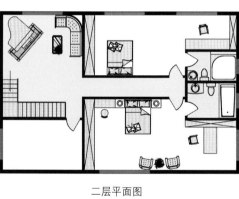

二层平面图

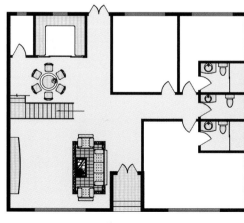

首层平面图

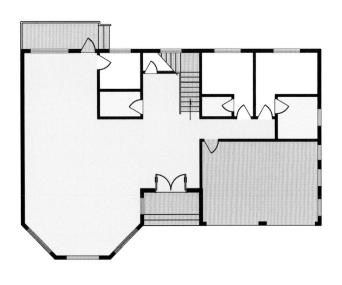

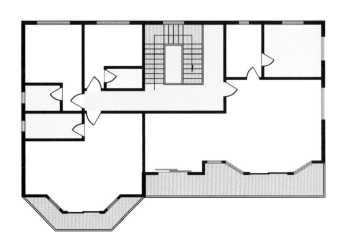

首层平面图   二层平面图

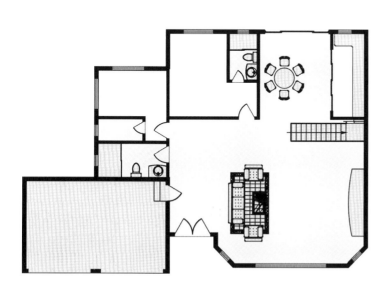

首层平面图

二层平面图

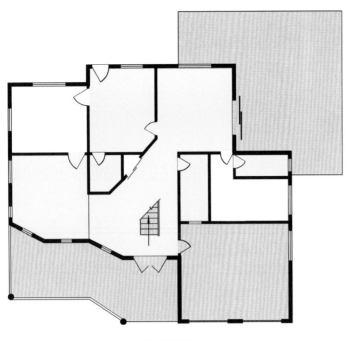

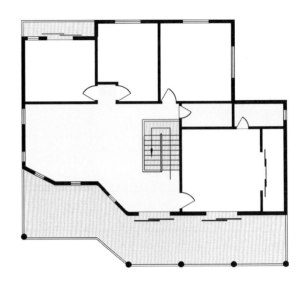

首层平面图 二层平面图

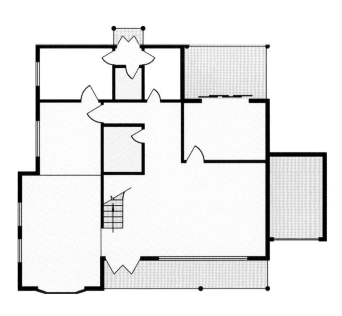

首层平面图

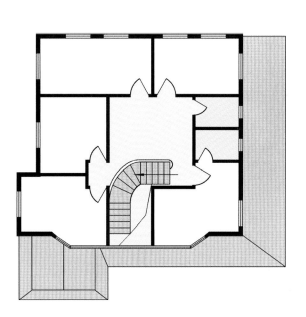

二层平面图

二层平面图

首层平面图

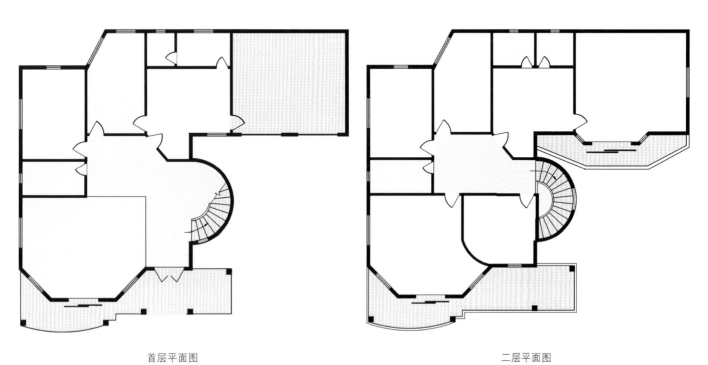

首层平面图

二层平面图

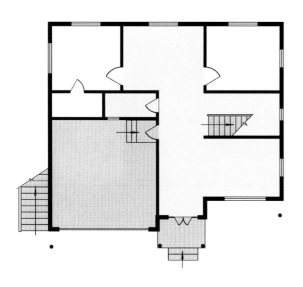

首层平面图

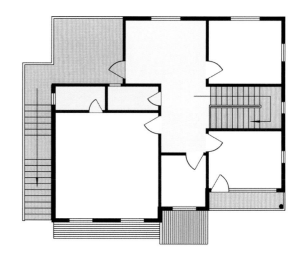

二层平面图

首层平面图   二层平面图

首层平面图   二层平面图

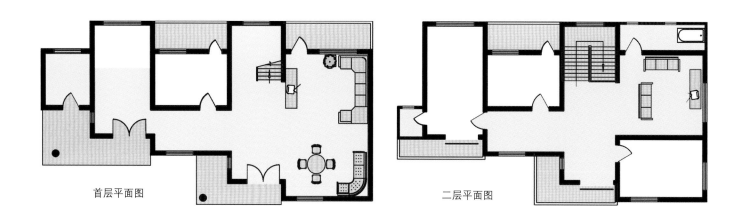

首层平面图　　　　　　　　　　二层平面图

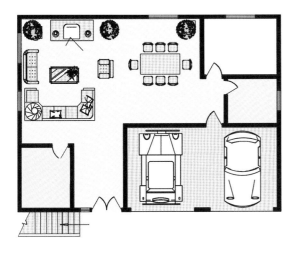

首层平面图

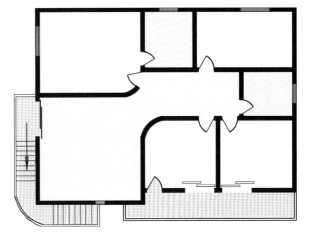

二层平面图

首层平面图

二层平面图

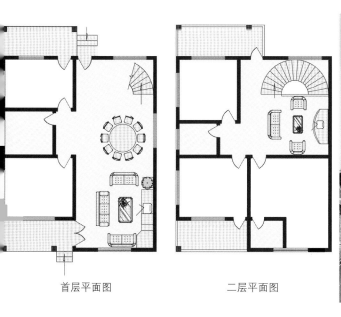

首层平面图 二层平面图

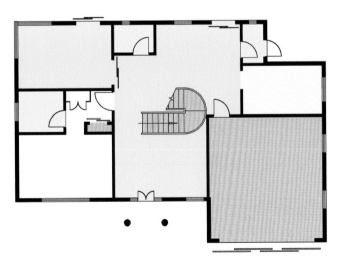

首层平面图

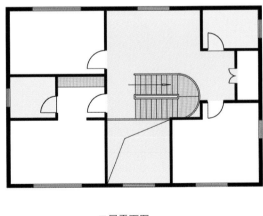

二层平面图

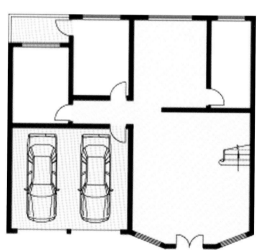

首层平面图

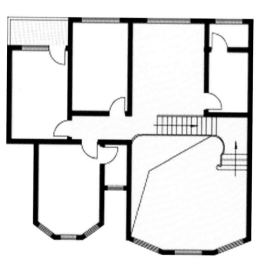

二层平面图

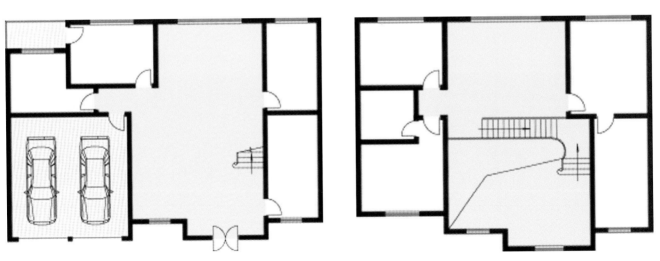

首层平面图   二层平面图

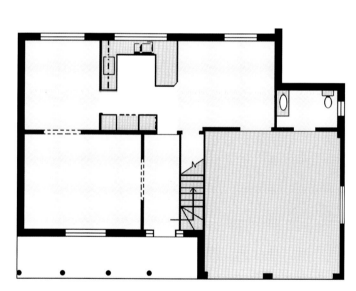

首层平面图

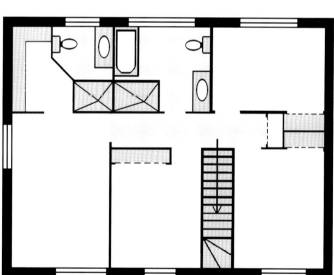

二层平面图

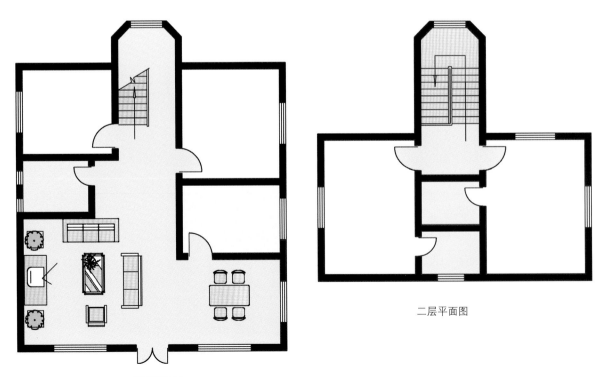

首层平面图

二层平面图

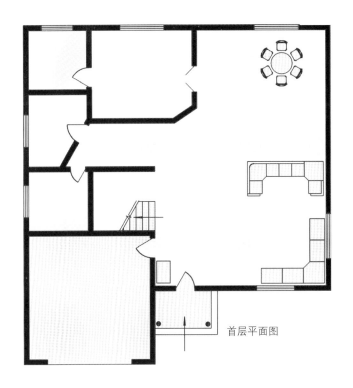

首层平面图

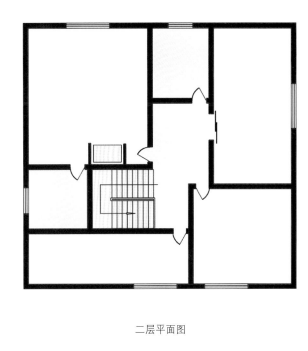

二层平面图

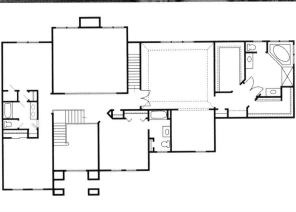

二层平面图

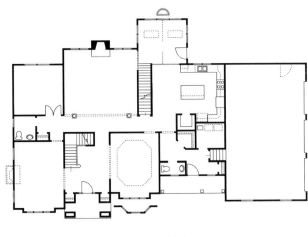

首层平面图

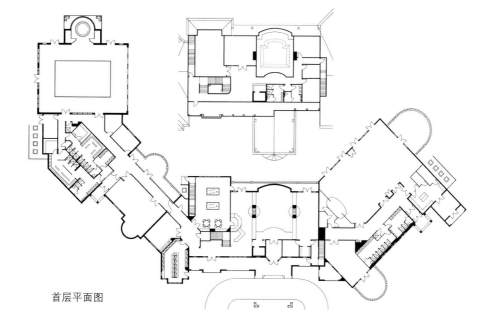

首层平面图

首层平面图

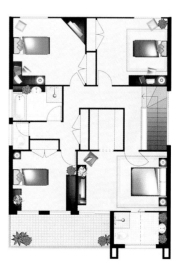

二层平面图

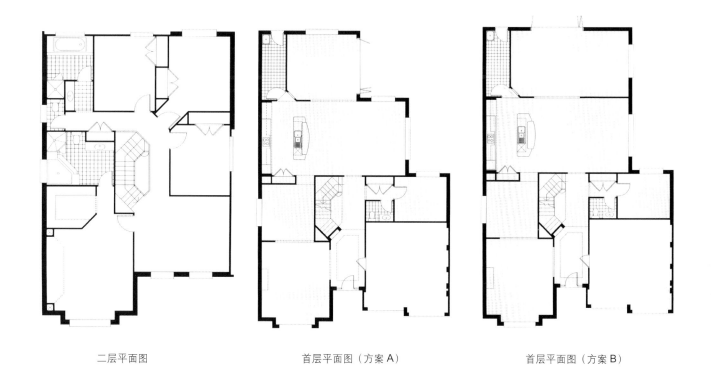

二层平面图　　　　　　　　首层平面图（方案 A）　　　　　　　首层平面图（方案 B）

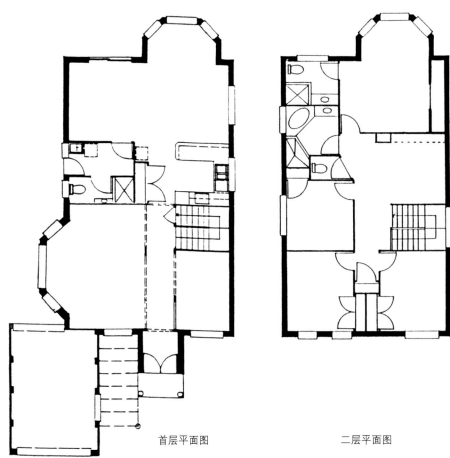

首层平面图　　　　　　二层平面图

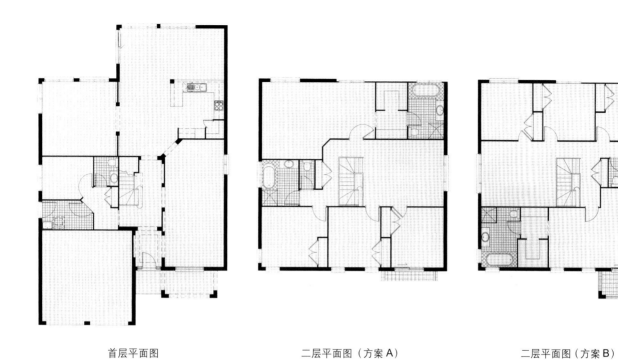

首层平面图　　　　　　　　　二层平面图（方案 A）　　　　　　　　二层平面图（方案 B）

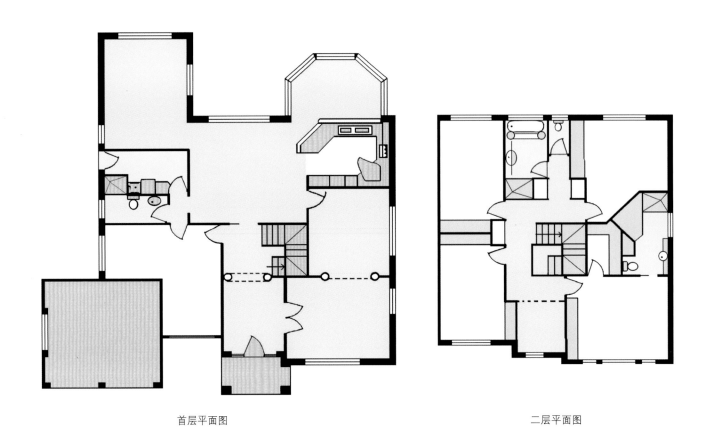

首层平面图   二层平面图

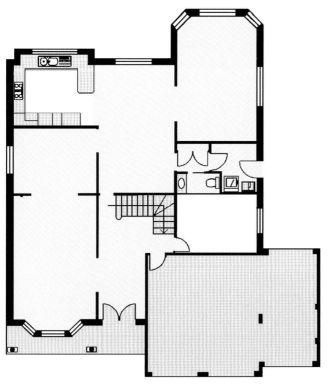

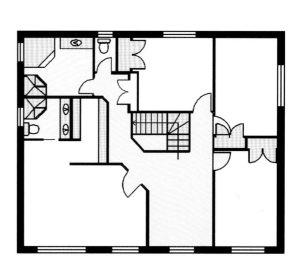

首层平面图

二层平面图

二层平面图

首层平面图

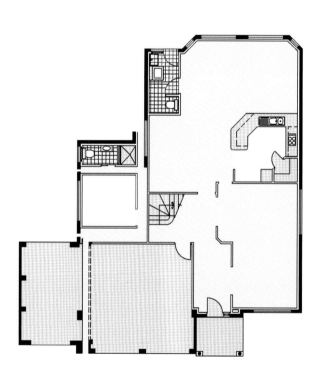

首层平面图

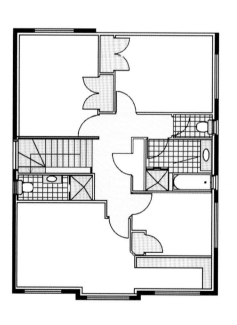

二层平面图

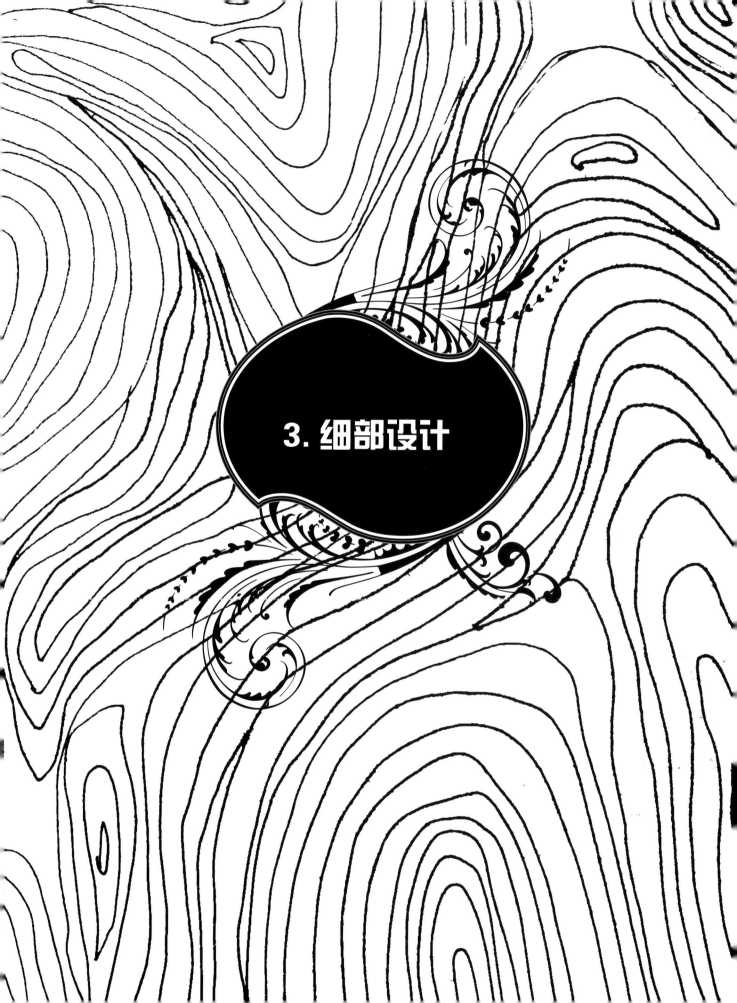

3. 细部设计

animal